DIE STEPPENSCHILDKRÖTE
TESTUDO HORSFIELDII

Thomas Wi

Erwachsenes Weibchen von *Testudo horsfieldii* unter einem Busch während der heißen Mittagszeit. Foto: T. Wilms

Inhalt

Vorwort 4

Kurze Anmerkungen zur Biologie 6

Haltungsvoraussetzungen 14

Die Haltung 20

Das Innenterrarium 24

Das Freilandterrarium 26

Die Haltung im Gewächshaus 28

Haltungsbedingungen 30

Die Technik 32

Die Einrichtung 34

Pflegearbeiten 38

Ernährung 40

Winterruhe 44

Gesundheit 50

Nachzucht 52

Aufzucht der Jungtiere 56

Weitere Informationen 58

Weiterführende und verwendete Literatur 60

Bildnachweis:
Titelbild: Kopfportrait einer weiblichen erwachsenen Steppenschildkröte Foto: T. Wilms
Kleines Bild: Halbwüchsiges Weibchen von *Testudo horsfieldii* Foto: T. Schreckenbach
Seite 1: *T. horsfieldii* aus dem Ost-Iran im Lebensraum Foto: R. Berglas

1. Auflage 2004
2. Auflage 2006

ISBN 10: 3-937285-22-9 ISBN 13: 978-3-937285-22-1

Natur und Tier - Verlag GmbH
An der Kleimannbrücke 39/41
48157 Münster
www.ms-verlag.de

Geschäftsführung: Matthias Schmidt
Lektorat: Kriton Kunz & Heiko Werning
Layout: Ludger Hogeback
Druck: Druckhaus Fromm, Osnabrück

Vorwort

DIE Steppenschildkröte, die auch unter dem Namen Vierzehenschildkröte bekannt ist, wurde nach dem Importverbot für Europäische Landschildkröten Anfang der 1980er-Jahre in größeren Stückzahlen vom Tierhandel als „Ersatz" importiert. Viele dieser Schildkröten fristeten ihr Dasein daraufhin – wie schon Generationen von Schildkröten der europäischen Arten zuvor – als „Gartenschildkröte" unter völlig unzureichenden klimatischen Bedingungen und ohne artspezifische Pflege. Da die Steppenschildkröte an das Klima sehr hohe Anforderungen stellt, führte diese Haltung oft zu einer sehr kurzen Lebenserwartung der betroffenen Exemplare.

Aufgrund ihrer Herkunft aus den Steppengebieten Mittelasiens ist

***Testudo horsfieldii* zieht sich während der heißen Zeit des Tages gerne in schattige Verstecke zurück.** Foto: T. Wilms

die Steppenschildkröte an ein raues Klima mit langen kalten Wintern und sehr heißen Sommern angepasst. Ihre Aktivitätszeit beträgt daher nur wenige Monate im Jahr – die meiste Zeit des Jahres verschlafen die Tiere, indem sie während des Winters eine Winter- und während der heißen Zeit des Jahres eine Sommerruhe durchführen. Für die artgerechte Haltung in Menschenobhut ergeben sich daraus wichtige Anforderungen, die im vorliegenden Buch vorgestellt werden und für deren praktische Umsetzung ich Vorschläge und Anregungen gebe.

Grundsätzlich ist die Steppenschildkröte ein sehr angenehmer, interessanter, liebenswerter und bei Erfüllung ihrer Anforderungen an die Haltung auch ein unproblematischer Pflegling.

Thomas Wilms

Bad Dürkheim, im Frühjahr 2004

Kurze Anmerkungen zur Biologie

UM die Ansprüche zu verstehen, die eine Art an die Haltung in Menschenhand stellt, ist es wichtig, ihre Lebensweise in der Natur und ihre Biologie kennen zu lernen. Im Folgenden möchte ich daher beide Punkte kurz umreißen.

Beschreibung

Die Steppenschildkröte (*Testudo horsfieldii*) ist in der Regel flachrückiger als die häufig im Terrarium gepflegten mediterranen Landschildkrötenarten. Ihr Panzer ist von oben gesehen annähernd rund oder rundoval und vor

Porträt eines halbwüchsigen *Testudo-horsfieldii*-Weibchens Foto: T. Wilms

Plastronansicht eines *Testudo-horsfieldii*-Männchens (links) und eines -Weibchens (rechts). Man beachte vor allem den beim Männchen relativ langen Schwanz und die fast völlig fehlende Einwölbung des Bauchpanzers. Fotos: T. Wilms

allem in der Vertebralregion (Region der Wirbelsäule) abgeflacht. Der Panzerrand kann bei älteren Exemplaren gesägt sein.

Die Unterscheidung der Geschlechter der Steppenschildkröte ist anhand der Schwanzlänge und der Panzerform möglich: Männchen haben einen wesentlich längeren Schwanz als Weibchen. Die Panzerform der Männchen ist meist kreisrund, während viele Weibchen von oben gesehen eher eine ovale Panzerform aufweisen. Außerdem sind Weibchen in der Regel etwas höherrückig als Männchen. Im Gegensatz zu den mediterranen *Testudo*-Arten verfügen männliche Steppenschildkröten nur über eine leichte, nicht sehr deutlich ausgeprägte Einwölbung des Bauchpanzers. Weibchen sind mit etwa 22–28 cm wesentlich größer als Männchen, die meist nur etwa bis 16 cm Läge erreichen. Die Vorderbeine der Steppenschildkröte sind sehr kräftig, gut zum Graben geeignet und verfügen über vier gut entwickelte Zehen.

Der Panzer der Steppenschildkröte ist gelblich braun bis oliv gefärbt, wobei sich auf jedem Schild meist ein schwarzer Fleck befindet, der auf dem Plastron (Bauchpanzer) auch den ganzen Schild ausfüllen kann. Der Kopf sowie die Weichteile und die Extremitäten sind gelbbraun gefärbt.

Verbreitung

Die Steppenschildkröte ist eine Bewohnerin wüsten- und steppenartiger Lebensräume Mittelasiens. Ihr Verbreitungsgebiet umfasst die Länder der mittelasiatischen Republiken der GUS, Kasachstan, Usbekistan, Afghanistan, Pakistan und Iran. Kleinere Vorkommen sind aus China bekannt. Bei etwa 1200 m ü. NN findet die Höhenverbreitung dieser Art ihre Obergrenze.

Lebensraum und Verhalten

Die Steppenschildkröte nutzt Lehm-, Löss-, Sand- und Geröllwüsten als Lebensraum. Stark felsige Habitate werden von dieser Art gemieden. Optimale Lebensbedingungen finden die Tiere jedoch offenbar in den steppenartigen Hügelländern der Abdachung der mittelasiatischen

Steppe in Nord-Tadschikistan, klassischer Lebensraum für *Testudo horsfieldii* Foto: F. J. Obst

***Testudo-horsfieldii*-Ei vor einer Höhle** Foto: F. J. Obst

Hochgebirge. Grundvoraussetzung für die Besiedelung durch eine herbivore (pflanzenfressende) Landschildkröte ist ein zumindest spärlicher Pflanzenbewuchs. In den mittelasiatischen Hügelformationen findet die Steppenschildkröte offensichtlich gute Nahrungsbedingungen vor. Die Vegetation ist geprägt von üppigen Staudenfluren in einer durchgängigen Grasfläche.

Nach Obst (1988) durchläuft *Testudo horsfieldii* im gesamten Areal eine Winterruhe von 3–5 Monaten Dauer, an die sich eine zwei- bis dreimonatige Aktivitätsphase anschließt. Während dieser Zeit findet das Fortpflanzungsgeschehen statt. Anschließend führen die Tiere eine ein- bis zweimonatige Sommerruhe durch, die nach einer kurzen Zeit herbstlicher Aktivität in die Winterruhe übergeht.

WUSSTEN SIE SCHON?
Die Steppenschildkröte ist morgens und nachmittags am aktivsten. Während der heißen Zeit des Tages ziehen sich die Tiere in ihre Höhlen zurück oder verbringen die Zeit unter Sträuchern oder Felsblöcken. Sie können sehr gut klettern.

Steppenschildkröte aus dem Ost-Iran im Lebensraum Foto: R. Berglas

Verwandtschaft

Schildkröten sind wechselwarme Tiere, die auf externe Wärmequellen angewiesen sind, um ihre Körpertemperatur in den für die jeweilige Art charakteristischen Grenzen zu halten. Die wichtigste Quelle für Strahlungswärme ist die Sonne.

Schildkröten werden aufgrund der Art und Weise, in der diese Tiere ihren Kopf in den Panzer zurückziehen, in zwei Unterordnungen unterteilt: Die Halswender (Pleurodira) legen Hals und Kopf seitlich in den Panzer, während die Halsberger (Cryptodira) den Kopf durch S-förmiges Krümmen der Halswirbelsäule in senkrechter Ebene einziehen. Alle Landschildkröten gehören in die Gruppe der Halsberger.

Für die Steppenschildkröte wurde Mitte der 1960er-Jahre von Khosatzky & Mlynarski aufgrund von Unterschieden in der Gestalt des Panzers und der reduzierten Zehenzahl der Vorderextremitäten die Gattung *Agrionemys* errichtet. Viele Autoren folgten dieser Sichtweise, andere hingegen sahen in der Art einen Vertreter der westpalärktischen Gattung *Testudo,* zu der u. a. auch die Griechische und die Maurische Landschilskröte sowie die Breitrandschildkröte gehören. Vor allem wegen des Auftretens lebensfähiger Hybride zwischen der Steppenschildkröte und der Griechischen sowie der Maurischen Landschildkröte (*Testudo hermanni* bzw. *T. graeca*) wird die Steppenschildkröte heute mehrheitlich als Angehörige der Gattung *Testudo* gesehen.

Die Steppenschildkröte besiedelt ein extrem großes Verbreitungsgebiet, sodass es nicht verwundert, dass es innerhalb der Art Unterschiede im Körperbau gibt, die auf eine Gliederung der Art in mehrere Unterarten hindeuten. Man unterscheidet heute drei Unterarten: *Testudo horsfieldii horsfieldii* GRAY, 1844 aus dem Iran, Afghanistan, Pakistan und dem westlichen Xinjiang in China; *Testudo horsfieldii kazachstanica* CHIKHIKVADZE, 1988 aus Kasachstan und Turkmenistan; *Testudo horsfieldii rustomovi* CHIKHIKVADZE, AMIRANSCHWILI & ATAJEW, 1990 von den Kopet-Dag-Bergen im Südwesten Turkmeniens.

Leider ist die Herkunft der meisten in Menschenobhut gehaltenen Steppenschildkröten nicht mehr nachvollziehbar. Man kann jedoch davon ausgehen, dass die in den vergangenen Jahrzehnten importierten Steppenschildkröten fast ausnahmslos der Unterart *Testudo horsfieldii kazachstanica* angehören.

WUSSTEN SIE SCHON?

Zum vollständigen wissenschaftlichen Namen gehören immer auch der Erstbeschreiber des jeweiligen Tieres sowie das Jahr, in dem die Beschreibung veröffentlicht wurde. Werden Unterarten einer Art beschrieben, so nennt man diejenige, zu der das erste beschriebene Tier gehört, die Nominatform. Die Nominatform der Steppenschildkröte wurde im Jahr 1844 von GRAY beschrieben und benannt; in der Kurzform schreibt man daher: *Testudo horsfieldii horsfieldii* GRAY, 1844.

Hohe Vegetation im Mai mit *T. horsfieldii* (Nord-Tadschikistan) Foto: F. J. Obst

Porträt einer Steppenschildkröte
Foto: T. Wilms

Haltungsvoraussetzungen

BEVOR Sie sich endgültig dazu entschließen, eine oder mehrere Steppenschildkröten zu erwerben, gilt es, die Voraussetzungen dazu zu prüfen und sich über die Pflegeansprüche dieser Art zu informieren.

Gesetzliche Bestimmungen

Die Steppenschildkröte unterliegt den Bestimmungen des Washingtoner Artenschutzabkommens (CITES) und der EU-Artenschutzverordnung EG Nr. 338/97. In beiden Artenschutzregelungen ist diese Art in der zweithöchsten Schutzkategorie (CITES-Anhang II und EU-Anhang B) aufgeführt. Für den Terrarianer, der seine Tiere nicht selbst im- oder exportieren möchte, ist die Kenntnis der Rechtsvorschriften der EU-Artenschutzverordnung in der Regel ausreichend. Beim Kauf einer Steppenschildkröte muss man immer darauf achten, dass man ausschließlich legal importierte oder nachgezüchtete Exemplare erwirbt. Die Legalität muss durch entsprechende Belege nachgewiesen werden. Diese Legalitätsnachweise, beispielsweise so genannte Züchterbescheinigungen oder Kaufbelege von Fachgeschäften, müssen bestimmte Bedingungen erfüllen.

Der Beginn der Haltung – das heißt der Kauf, die Nachzucht oder eine anderweitige Übernahme eines Tieres – muss den zuständigen Behörden unverzüglich angezeigt und der legale Besitz mit den oben genannten Dokumenten nachgewiesen werden.

Mindestens die folgenden Angaben sollten immer in den Legalitätsnachweisen enthalten sein:

- Name des Verkäufers
- Name des Käufers
- wissenschaftlicher und deutscher Name der Tierart
- Anzahl der Tiere
- Geschlecht der/des Tiere(s)
- Importdatum bzw. Datum der Nachzucht
- bei Importtieren: Ursprungsland und Einfuhrgenehmigungsnummer
- bei Nachzuchttieren: Behörde, bei der die Tiere gemeldet sind
- Datum und Unterschrift des Verkäufers

Bevor die Schildkröten mit nach Hause genommen werden, muss das Terrarium bereits fertig eingerichtet sein. Foto: P. Buchert

Ebenfalls gemeldet werden müssen alle Bestandsveränderungen, beispielsweise durch Verkauf von Nachzuchten oder Todesfälle. Die Zuständigkeit ist je nach Bundesland unterschiedlich geregelt – es können beispielsweise die Unteren Naturschutzbehörden in Städten und Kreisen oder auch die Regierungspräsidien zuständig sein. Bei vielen Behörden kann man seine Tiere formlos melden, in dem man einfach einen Brief an die zuständige Stelle schickt, andere hingegen verlangen die Verwendung entsprechender Vordrucke für die Bestandsveränderungsanzeige. Ich empfehle daher, sich zunächst mit dem zuständigen Behördenvertreter in Verbindung zu setzen und die gewünschte Meldeform zu erfragen. Eine Fotodokumentation oder die Kennzeichnung durch einen Transponder zur Individualerkennung, wie sie bei den strenger geschützten mediterranen *Testudo*-Arten vorgeschrieben sind, sind zur Haltung der Steppenschildkröte nicht notwendig.

Erwerb

Für den Erwerb von Tieren stehen grundsätzlich zwei verschiedene Wege zur Verfügung – der Kauf im Zoofachhandel oder bei

WICHTIG!
Es gibt einige Grundregeln, die man beim Erwerb von Schildkröten beachten sollte:
1. Die Schildkröte sollte lebhaft sein. Das Tier sollte sich für angebotene Nahrung interessieren und normal laufen. Frisch importierte Schildkröten ziehen sich meist bei Beunruhigung in den Panzer zurück. Auffällig „zahmes Verhalten“ kann hier auf eine Krankheit hindeuten.
2. Die Tiere dürfen keine Entzündungen, Beulen oder Verbrennungen am Körper aufweisen. Besondere Beachtung sollte man dem Panzer schenken. Er muss fest sein und darf keine Läsionen oder rötliche Verfärbungen aufweisen. Es dürfen keine Panzernekrosen vorhanden sein, die sich durch weiche, käsige Stellen am Panzer äußern, gelegentlich verdeckt durch die Hornplatten. Die Beine dürfen keine Schwellungen und/oder Verfärbungen aufweisen.
3. Die Mundschleimhäute dürfen keine Verletzungen, Entzündungen oder eitrige Beläge zeigen. Der Atem darf nicht unangenehm riechen. Im Maul und am Körper des Tieres dürfen auf keinen Fall Parasiten erkennbar sein.
4. Die Augen müssen klar sein. Die Nasenöffnung muss trocken sein, es darf kein Ausfluss aus der Nase auftreten.
5. Die Tiere sollten einen gut genährten Eindruck machen.
6. Die Atmung der Tiere muss frei sein. Pfeifen, Husten oder Niesen können frühe Anzeichen für eine Erkrankung sein. Ein drohendes Fauchen hingegen ist eine normale Abwehrreaktion und oft ein Hinweis auf einen guten Gesundheitszustand des Tieres.

einem Züchter. Grundsätzlich rate ich dem unerfahrenen Schildkrötenhalter an dieser Stelle vom Kauf frisch importierter Steppenschildkröten ab. Zur Eingewöhnung von Wildfangtieren benötigt man viel Erfahrung im Umgang mit Reptilien, muss man ihnen ein adäquates Terrarium mit passendem Terrarienklima bieten und gesundheitliche Probleme frühzeitig erkennen. Auch eine gegebenenfalls notwendige Behandlung von Erkrankungen, die in Zusammenarbeit und unter Anleitung eines reptilienerfahrenen Veterinärs durchzuführen ist, setzt etwas Erfahrung voraus. Empfehlenswerter ist der Erwerb futterfester und eingewöhnter Nachzuchttiere. Diese Tiere sind an das Leben unter Terrarienbedingungen gewöhnt und bereiten bei der Aufzucht in der Regel keine Schwierigkeiten. Außerdem schont man so die natürlichen Bestände.

Selbstverständlich sollte man sowohl bei der Auswahl von Nachzuchttieren als auch von Wildfängen entsprechene Kriterien beachten, um den Gesundheitszustand der Tiere einschätzen zu können.

Transport und Quarantäne

Für den Transport von Landschildkröten eignen sich vor allem entsprechend große Behälter aus Holz oder Kunststoff, in die man zur Polsterung, und um den unvermeidlich abgegebenen Urin und Kot zu binden, etwas Substrat einbringen sollte. Dafür bieten sich beispielsweise Stoffgewebe, Küchenpapier, aber auch eine dünne Schicht Rindenmulch an. Sorgen Sie dafür, dass Sie größere Schildkröten immer nur einzeln verpacken, um das Verletzungsrisiko zu senken. Jungtiere können jedoch unter Umständen in Gruppen von 3–4 Tieren transportiert werden. Die so verpackten Tiere müssen auf jeden Fall durch eine thermostabile Box vor Temperaturschwankungen bzw. vor zu hohen oder zu niedrigen Temperaturen während des Transports geschützt werden. Dafür eignen sich besonders Styroporkisten, in die die Transportkisten mit den Tieren verpackt werden. Im Winter kann die Styroporkiste mit einer Wärmflasche oder mit einem Taschenwärmer beheizt werden. Achten Sie jedoch darauf, dass die Temperatur in der Styroporbox nicht allzu hoch ansteigt, ca. 20 °C reichen vollkommen aus!

Eine Quarantäne sollte für alle Neuzugänge obligatorisch sein – besonders wichtig ist sie jedoch bei der Eingewöhnung von Wildfängen! Eine fachgerecht durchgeführte Quarantäne dient dazu, mögliche Erkrankungen beim Neuzugang zu erkennen und zu behandeln, um ein Überspringen von Erkrankungen auf den Altbestand möglichst zu verhindern. Grundvoraussetzung für eine Quarantäne ist die räumliche Trennung der Quarantäneterrarien von bereits eingewöhnten und gesunden Tieren und separate Gerätschaften und Einrichtungsgegenstände (Pinzette, Schaufel, Trinkgefäße etc.), die auf keinen Fall auch für andere Terrarien verwendet werden dür-

Styroporkisten sind geeignete Behälter für den Transport der Tiere. Foto: M. Barts

fen! Grundsätzlich muss das Quarantäneterrarium leicht zu reinigen sein (am besten verwendet man Glasterrarien, die einfach zu desinfizieren sind; Holzterrarien sind absolut ungeeignet!) und über die technische Ausstattung verfügen, mit der das für die jeweilige Art geeignete Terrarienklima erzeugt werden kann. Denn obwohl die Tiere nur für eine relativ kurze Zeit im Quarantäneterrarium gepflegt werden, muss trotzdem sichergestellt sein, dass

Bevor man Steppenschildkröten erwirbt, muss man sicherstellen, ihnen eine artgerechte Pflege bieten zu können. Hier ein erwachsenes Weibchen Foto: T. Wilms

alle ihre Ansprüche an das Terrarienklima, an die Gestaltung der Einrichtung und die Beleuchtung erfüllt werden.

Die Einrichtung des Quarantäneterrariums sollte möglichst einfach und die verwendeten Einrichtungsgegenstände sollten entweder gut zu reinigen oder billig in der Anschaffung sein, sodass sie entweder leicht desinfiziert oder andernfalls problemlos entsorgt werden können.

Als Bodengrund eignen sich bei der Quarantäne beispielsweise eine dünne Sandschicht, eine Schicht Sand-Erde-Gemisch oder – vor allem, wenn man noch eine Kotprobe benötigt – auch Zeitungspapier. Als Versteckplatz können Zierkorkstücke oder gewölbte Dachziegel aus Ton verwendet werden. Während der Quarantäne ist es besonders wichtig, das Terrarium möglichst sauber zu halten. In dieser Zeit sollte man daher täglich Kot und Futterreste entfernen. Ich empfehle, die Tiere während der Quarantäne nicht in ein Freilandgehege zu setzen, da eine evtl. notwendige „Entseuchung" eines solchen Geheges kaum möglich ist – man denke dabei vor allem an eine mögliche Herpesinfektion der Neuzugänge.

DER PRAXISTIPP

Man sollte im Abstand von rund zwei Wochen mindestens zwei Kotproben an ein spezialisiertes Institut senden, das dann eine kostenpflichtige Untersuchung vornimmt. Fallen beide Proben negativ aus und sind nach Ablauf der Quarantänezeit auch sonst keine Anzeichen für Krankheiten zu erkennen, können die Tiere ihre eigentlichen Gehege beziehen oder mit Artgenossen vergesellschaftet werden. Andernfalls behandelt man nach Weisung des Tierarztes.

Die Haltung

AUFGRUND der bereits oben angesprochenen jährlichen Aktivitätsperiodik und der Anpassung der Steppenschildkröte an trockene Steppenlebensräume sollten diese Tiere nicht wie die Vertreter der mediterranen Landschildkröten (Griechische Landschildkröte [*Testudo hermanni*], Maurische Landschildkröte [*T. graeca*], Breitrand-

Handelsübliche „Katzenklappen" eignen sich zur Gestaltung des Eingangs- bzw. Ausgangsbereiches vom Schildkrötengewächshaus in die Freianlage. Foto P. Buchert

Testudo horsfieldii **kommt in Zentral-Tadschikistan auch in steinigen Lebensräumen vor. Bei der Einrichtung der Schildkröten-Anlage sollte man das natürliche Habitat der Tiere als Anregung nutzen.** Foto: F. J. Obst

schildkröte [*T. marginata*]) während des überwiegenden Teiles des Jahres im Freiland gehalten werden. Die Tiere leben in der Natur unter trockenen oder zumindest halbtrockenen Klimabedingungen, sodass unser mitteleuropäischer Frühling und teilweise auch der Sommer für diese Schildkröten zu feucht sind.

Für die Haltung und Vermehrung dieser Art ist es daher unbedingt erforderlich, die Pflege im Zimmerterrarium mit einer lediglich zeitweisen Haltung im Freigehege zu kombinieren oder die Tiere ganzjährig in einem beheizbaren Gewächshaus zu pflegen.

Ansicht einer im Garten integrierten Anlage zur Haltung von Landschildkröten Foto: P. Buchert

Das Innenterrarium

STEPPENschildkröten sollten nach Beendigung der Winterruhe (siehe unten) in einem Zimmerterrarium mit ausreichend großer Grundfläche gepflegt werden. Gemäß den „Mindestanforderungen an die Haltung von Reptilien“ (herausgegeben vom BUNDESMINISTERIUM FÜR ERNÄHRUNG, LANDWIRTSCHAFT UND FORSTEN 1997) sollte die Gehegegröße für ein Pärchen 8 x 4 (Länge x Breite) multipliziert mit der Panzerlänge der Schildkröten nicht unterschreiten. Da *Testudo horsfieldii* eine maximale Panzerlange von ca. 22–28 cm erreichen kann, ergibt sich eine Terrariengröße von ca. 180 x 90 cm bis 220 x 110 cm (L x B) für die Haltung eines erwachsenen Paares. Für das dritte und vierte im selben Terrarium gepflegte Tier sollten zusätzlich mindestens 10 % der Fläche zugeschlagen werden, ab der fünften Schildkröte 20 % pro Tier. Für die Aufzucht von Jungtieren eignen sich Terrarien ab einer Größe von ca. 60 x 30 cm, wobei man die Terrariengröße immer dem Wachstum der Tiere anpassen muss.

Als Innenterrarium für die Haltung kleinerer Steppenschildkröten oder für die Aufzucht von Jungtieren eignen sich handelsübliche Vollglasterrarien, während für die Haltung größerer Exemplare oder einer größeren Gruppe dieser Art solche Terrarien bezüglich der Größe an ihre Grenzen sto-

ßen. Ich habe sehr gute Erfahrungen mit gemauerten Terrarien gemacht, bei denen die Wände aus Gasbeton-Steinen gemauert und anschließend die Wände und der Boden gefliest wurden. Mit dieser Bauweise lassen sich auch Terrarien mit einer durchgehenden Sichtscheibe realisieren. Um einen guten Anschluss zwischen Wand und Glasscheibe zu erhalten, kann man zunächst einen Aluminiumwinkel auf das geflieste Mauerwerk anschrauben und dann die Glasscheibe mit Silikonkautschuk einkleben.

Innengehege für tropische Landschildkröten. Ein Innengehege für *Testudo horsfieldii* kann prinzipiell ähnlich eingerichtet, beheizt und beleuchtet werden. Foto P. Buchert

Das Freilandterrarium

BEI der Planung und beim Bau eines Freilandterrariums für Steppenschildkröten müssen Sie einige grundsätzliche Überlegungen berücksichtigen. Zunächst sollten Sie sich darüber klar werden, wie viel Platz Sie Ihren Tieren zur Verfügung stellen wollen, wobei auch hier die Mindestanforderungen berücksichtigt werden müssen. Ich rate Ihnen jedoch dazu, das Freilandterrarium möglichst großzügig zu wählen, da Sie nur so in der Lage sind, den Tieren ein abwechslungsreiches Gehege zu bieten, in dem Sie die Lebensansprüche Ihrer Schildkröten befriedigen können. Aus meiner Sicht sollte die Fläche eines Freilandterrariums für eine Gruppe aus 8–10 Tieren nicht kleiner als ca. 15–20 m² sein. Besonders wichtig ist es, einen geeigneten Platz in Ihrem Garten zu finden. Sie sollten darauf achten, dass das vorgesehene Gelände nicht von Bäumen, Büschen oder benachbarten Gebäuden beschattet wird. Optimal wäre ein sonnenexponiertes Gelände, das zumindest teilweise ganztägig besonnt ist.

SIMON (2000) nennt in einem sehr detaillierten und sehr empfehlenswerten Aufsatz zum Bau von Freilandterrarien folgende Plätze und Strukturen, die auf jeden Fall in einem Freilandterrarium für Landschildkröten geschaffen werden müssen: Sonnenplätze, schattige Plätze, Futterplatz, Eiablageplatz, Futterwiese und ein Schlafplatz (Schutzhütte). Jede dieser Strukturen dient den Tieren in ihrem Tagesablauf, um jeweils spezifische Ansprüche wie Sonnen, Ruhen, Nahrungsaufnah-

DER PRAXISTIPP

Frühbeetkästen oder Kleingewächshäuser sind geeignete Schutzhütten für das Schildkrötenfreilandgehege. Sie können diese Häuser entweder direkt auf den gewachsenen Boden des Geheges stellen oder ein Fundament mauern bzw. betonieren. Wenn Sie ein Fundament vorsehen, dann können Sie den Eingang in das Haus dort einplanen, ansonsten müssen Sie eine Öffnung in eine der Wände einschneiden. Auf jeden Fall müssen Sie daran denken, einen automatischen, thermostatgeregelten Fensteröffner zu installieren, da sich diese in der Regel relativ kleinen Häuser ansonsten bei Sonnenbestrahlung sehr schnell gefährlich aufheizen und für Ihre Tiere die Gefahr einer Überhitzung besteht. Es ist empfehlenswert, in der Schutzhütte einen Stromanschluss vorzusehen, um bei Bedarf eine Wärmelampe oder eine Bodenheizung betreiben zu können.

Bei Freianlagen muß man auf eine solide Einfriedung z. B. aus Palisaden achten. Foto P. Buchert

me, Balz und Paarung sowie Eiablage zu befriedigen.

Eine langfristig feuchte oder gar nasse Haltung verursacht bei Steppenschildkröten ensthafte gesundheitliche Probleme und muss daher auf alle Fälle vermieden werden. Wichtigste Voraussetzung, um diese Forderung zu erfüllen, ist die Beschaffenheit des Bodengrundes im Freilandterrarium. Hier muss man darauf achten, dass der Boden nicht schwer und wasserundurchlässig ist und somit eine Durchfeuchtung des Geheges begünstigt. Im Extremfall sollten Sie darüber nachdenken, einen Teil des Substrates gegen einen wasserdurchlässigen Boden auszutauschen und/oder eine entsprechende Drainage im Gehege zu installieren. Dem gleichen Zweck, nämlich den Tieren eine trockenwarme Rückzugsmöglichkeit zu bieten, dient eine geeignete Schutzhütte.

Die Haltung im Gewächshaus

DIE Haltung der Steppenschildkröte in einem beheizbaren Gewächshaus stellt für mich das optimale Haltungssystem für diese Art dar. Man kann dadurch den Tieren fast natürliche Bedingungen bieten. Zur Überwinterung werden die Schildkröten im Gewächshaus belassen, oder man überwintert sie unter kontrollierten Bedingungen in einem kühlen Raum oder Kühlschrank. Im Frühling, unmittelbar nach dem Erwachen aus der Winterruhe, kann man den Tieren dann optimale Bedingungen mit hohen Temperaturen und vor allem einer natürlich großen Lichtfülle bieten. Die Schildkröten haben so die Möglichkeit, im Frühjahr sofort ihre Hauptaktivitätsphase auszuleben. Für den Hochsommer sollte man jedoch ein Außengehege an das Gewächshaus anbauen, das mit einer verschließbaren Tür abtrennbar ist, sodass Sie die Schildkröten bei sonnigem Wetter ins Freigehege lassen können. So bieten Sie Ihren Tieren einen Freilandaufenthalt, ohne dass Sie die Tiere dem Stress des Umsetzens aussetzen müssen.

Einblick in ein beheizbares Gewächshaus zur Haltung von Landschildkröten Foto P. Buchert

Beheiztes Gewächshaus mit angrenzender Freianlage (Sommer) Foto P. Buchert

Eingang zur „Schlafkiste" im Gewächshaus. Diese Kiste sollte üppig mit Heu gefüllt sein.
Foto P. Buchert

Haltungsbedingungen

UNabhängig davon, welches Haltungssystem (kombinierte Innen- und Freilandterrarienhaltung oder Haltung im Gewächshaus) man für seine Steppenschildkröten wählt, man muss dafür sorgen, dass den Tieren zuträgliche Temperaturen geboten werden. Die Lufttemperatur sollte zwischen 26 und 28 °C betragen, während an zusätzlich mit Strahlern beheizten Sonnenplätzen der Boden auf etwa 45–50 °C erwärmt wird. In der Nacht darf die Lufttemperatur auf 15–22 °C absinken.

Erst zu Beginn des Hochsommers können die Tiere ins Freiland überführt werden, wobei ihnen für längere Schlechtwetterperioden ein Gewächshaus oder zumindest ein Frühbeetkasten mit einer Wärmelampe zur Verfügung stehen muss. In sehr warmen Sommern „übersommern" die Tiere auch im Freiland, d. h., sie durchlaufen eine Phase mit einer deutlich reduzierten Aktivität. Auffällig ist, dass sich die Steppenschildkröte unter Freilandbedingungen oft bereits Anfang bis Mitte September auf die Winter-

***Testudo horsfieldii* vor einem Saxaul-Strauch auf Sandboden (Kisyl-Kum-Wüste, Usbekistan)**
Foto: F. J. Obst

Steppe in Süd-Kasachstan – ein typischer Lebensraum für Steppenschildkröten Foto: F. J. Obst

ruhe vorbereitet und sich im Freilandgehege zur Überwinterung eingräbt. Es ist daher notwendig, die Tiere Ende August bis Mitte September wieder ins Innenterrarium oder in ein Gewächshaus umzuquartieren, um eine unkontrollierte Überwinterung im Freiland zu verhindern. Im Innenterrarium durchlaufen meine Tiere bei ca. 24–26 °C nochmals eine kurze, etwa 3–4 Wochen lange Aktivitätsphase und werden dann durch langsames Absenken der Temperatur und Beleuchtungslänge auf die Winterruhe vorbereitet. Von Oktober bis März sollten die Tiere eingewintert werden.

Bei der ganzjährigen Haltung im Gewächshaus sollten die Lufttemperaturen im Frühjahr ebenfalls zwischen 26 und 28 °C liegen, wobei sie während des Sommers meist auf 35–40 °C ansteigen können, bei einer Nachtabsenkung auf 20–24 °C. Zusätzlich kann man den Tieren durch Strahler erwärmte Sonnenplätze zur Verfügung stellen. Unter diesen Bedingungen durchlaufen die Steppenschildkröten ihre sommerliche Ruhephase (Aestivation). Im September können die Temperaturen im Gewächshaus wieder sinken, sodass die Tiere sich auf die Winterruhe vorbereiten können.

Die Technik

DIE Technik in einem Terrarium dient dazu, für die Tiere geeignete Umgebungsbedingungen zu schaffen. Bei der Haltung von Steppenschildkröten bedeutet das in erster Linie die Bereitstellung einer entsprechenden Beleuchtungsstärke und einer adäquaten Umgebungstemperatur. Zum Ausleuchten eines Terrariums sind beispielsweise Leuchtstoffröhren oder HQI-Leuchten sehr gut geeignet. Bei der Verwendung von Leuchtstofflampen hat man die Auswahl zwischen den gebräuchlichen T8-Röhren und den relativ neuen T5-Röhren, die über einen etwas besseren Wirkungsgrad verfügen. In beiden Fällen sollte man Röhren mit einem tageslichtähnlichen Spektrum verwenden und sie mit einem Reflektor ausstatten, um die Lichtausbeute zu verbessern. Auch bei der Auswahl der Beleuchtungskörper für die HQI-Leuchten sollte man solche mit einem tageslichtähnlichen Spektrum bevorzugen. Leuchtstoff- und HQI-Lampen sind nach spätestens einem Jahr auszutauschen, da nach dieser Zeit die Lichtintensität deutlich nachgelassen hat.

DER PRAXISTIPP

Zur Beheizung von Gewächshäusern kann man handelsübliche Elektroradiatoren verwenden, deren Betrieb jedoch aufgrund des recht hohen Stromverbrauchs sehr teuer und unwirtschaftlich ist. Besser ist es, wenn möglich, das Gewächshaus an die Warmwasserheizung des Wohnhauses anzuschließen.

Neben den Beleuchtungskörpern, die zur Ausleuchtung des Terrariums dienen, benötigen Sie noch Wärmestrahler. Hier sollte man auf jeden Fall nur Modelle einsetzen, die auch sichtbares Licht abstrahlen. Dunkelstrahler, wie beispielsweise Elsteinstrahler, sollten auf keinen Fall benutzt werden, da die Schildkröten Licht mit Wärme assoziieren. Sehr gut für größere Terrarien eignen sich PAR-Strahler (PAR-38-Strahler mit 60, 80 oder 125 W). In kleineren Terrarien (beispielsweise Aufzucht- und Quarantäneterrarien) können auch normale Parabolbirnen (bevorzugt R80 mit 40 oder 60 W Leistung) verwendet werden. Sie müssen bei der Auswahl der Wärmestrahler darauf achten, dass deren Leistung ausreicht, um den Sonnenplatz auf ca. 45–50 °C zu erwärmen. Ideal ist, die Wärmestrahler in einer Höhe von etwa 30–40 cm über dem Terrarienboden aufzuhängen. Die hier vorgestellten Wärmelampen können

Sie übrigens in jedem Bau- oder Supermarkt erwerben. Besonders wichtig bei der Haltung von Steppenreptilien ist es, eine adäquate UV-Bestrahlung für die Tiere sicherzustellen. Das Mittel der Wahl dafür sind Entladungslampen [beispielsweise Ultra-Vitalux (Osram), UV-Heat (M&S-Reptilien) und andere]. Bei der Verwendung der Ultra-Vitalux (300 W) von Osram kann man die Bestrahlungszeit durchaus bis zu einer Stunde pro Tag ausdehnen – vorausgesetzt, die Tiere wurden mit langsam steigenden Bestrahlungszeiten allmählich an die UV-Licht-Dosis gewöhnt. Die UV-Heat und ähnliche Lampentypen (von T-Rex, ZooMed u. a.), die mit einer Leistung von 100 W bzw. 160 W angeboten werden, können hingegen ganztägig betrieben werden. Spezielle UV-Leuchtstoffröhren sind aufgrund des geringeren UV-Licht-Anteils und der geringen Wirkreichweite für Landschildkröten aus meiner Sicht weniger gut geeignet.

Osram „Ultra-Vitalux", 300 W Foto: M. Schmidt

In größeren Terrarien können die Sonnenplätze mittels PAR-Lampen beheizt werden. Foto: T. Wilms

Die Einrichtung

DIE Einrichtung dient weniger ästhetischen Zwecken, als vielmehr dazu, die Ansprüche der Steppenschildkröten zu erfüllen und ihnen einen artgerechten Lebensraum zu bieten. Dabei gilt es einige spezielle Aspekte zu berücksichtigen, je nachdem, um welchen Terrarien- bzw. Gehegetyp es sich handelt.

Innenterrarium

Als Bodengrund kann man hier Sand, Sand-Lehm- und Sand-Erde-Gemische verwenden. Die wichtigste Voraussetzung bei der Auswahl des Bodengrundes ist dessen Beschaffenheit. Stark staubende, scharfkantige und extrem großkörnige Substrate (beispielsweise grober Kies) sind für die Einrichtung eines Terrariums für Steppenschildkröten nicht geeignet. Bei der Verwendung von Sand-Lehm-Gemischen kann man durch die Variation des Lehmanteils unterschiedlich feste Böden erzeugen. Als Lehmanteil für ein Sand-Lehm-Gemisch kann beispielsweise Lehmputz aus dem Natur-Baustoffhandel verwendet werden. Gut geeignet ist auch der ebenfalls als Sackware angebotene Universallehm. Als Sandanteil eignen sich rund geschliffener Flusssand, Spielsand, Maurersand und verschiedene im Terrarienzubehörhandel erhältliche Sandarten. Seit einiger Zeit werden sogar lehmhaltige Sande im Zubehörhandel angeboten. Selbstverständlich kann man Sand für die Terrarieneinrichtung auch aus der Natur entnehmen, wenn man die genannten Anforderungen an das Material und

Sand-Erde Gemisch Foto: T. Wilms

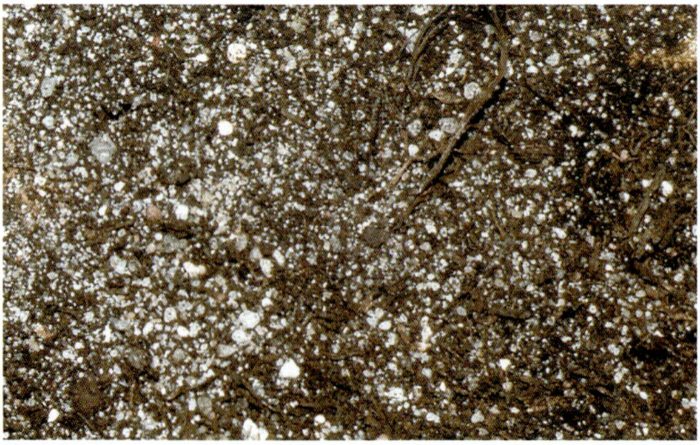

Spielsand Foto: T. Wilms

eventuelle Besitzansprüche berücksichtigt.
Zum Herstellen von Sand-Erde-Gemischen verwendet man z. B. ungedüngte Blumenerde.
Wichtig ist, dass man den Schildkröten die Möglichkeit gibt, höhlenähnliche Versteckplätze aufzusuchen. Geeignet sind beispielsweise stabil aufgeschichtete und verklebte Steine und Steinplatten, so genannte Firstziegel aus dem Dachdeckereibedarf oder Zierkorkröhren. Es hat sich bewährt, die Versteckplätze mit Heu auszupolstern, das von den Schildkröten übrigens auch gefressen wird. Einige größere Steine, Wurzeln oder Holzstümpfe vervollständigen die Einrichtung und dienen sowohl als Sichtschutz als auch als Klettergelegenheit.

Freilandterrarium

Wie bereits erwähnt, sollte der Bodengrund in einem Freilandterrarium für Steppenschildkröten möglichst wasserdurchlässig sein, um auch bei stärkeren Regenfällen ein schnelles Abtrocknen der Anlage zu gewährleisten. Zur Strukturierung des Geheges eignen sich Steine, Steinplatten und größere Baumwurzeln oder auch Baumstämme. Bei der Auswahl der Pflanzen muss man zunächst darauf achten, keine Giftpflanzen auszuwählen. Darüber hinaus müssen Sie zumindet einige größere Stauden anpflanzen, unter denen sich die Tiere in den Schatten zurückziehen können und wo sie ein geeignetes Mikroklima zur Regulation ihrer Körpertemperatur vorfinden. In diesem Zusammenhang ist es besonders wichtig, den Tieren in der Anlage verteilt mehrere Sonnenplätze anzubieten, die man beispielsweise durch den Einsatz wärmespeichernder Steinhaufen oder dunkel gefärbter Steinplatten (z. B. Schieferplatten) noch aufwerten kann. Unbedingt nötig ist eine Einfriedung der Freilandterrarienanlage. Hier sollte man überwiegend undurchsichtige Materialien wie Palisaden, Bohlen oder Beton verwenden. Besteht nämlich die gesamte Umzäunung aus Glas, animiert dies die Schildkröten zu ständigen Ausbruchsversuchen, da sie dieses Material nicht als Barriere erkennen. Es spricht aus meiner Sicht jedoch nichts dagegen, in einigen Bereichen der Einfriedung auch Sicherheitsglas zu verwenden. Wichtig ist, dass diese Einfriedung eine Höhe von mindestens 40 cm aufweisen sollte, um ein Überklettern zu verhindern.

Blick in eine hervorragend gestaltete Schildkrötenfreianlage
Foto P. Buchert/A. & E. Calgua

Pflegearbeiten

BEI den Pflegearbeiten muss man zunächst zwischen den täglich und den routinemäßig in längeren Intervallen anfallenden Arbeiten unterscheiden. Zu den täglich durchzuführenden Pflegearbeiten gehören die Fütterung, die grobe Reinigung des Terrariums (beispielsweise das Entfernen alten Grünfutters), die Reinigung der Trinkgefäße und das Besprühen der Einrichtung. Eine der wichtigsten Voraussetzungen für die erfolgreiche Pflege von Reptilien ist es jedoch, sich täglich mit dem Terrarium und seinen Bewohnern zu beschäftigen. Gerade für Einsteiger in das Hobby Terraristik ist es notwendig, täglich die verschiedenen Klimaparameter (z. B. Lufttemperatur, Substrattemperatur unter den Wärmestrahlern, Bodenfeuchtigkeit) im Terrarium zu kontrollieren und Abweichungen von den gewünschten Werten zu korrigieren. Selbstverständlich sollte dabei auch eine kurze Sichtkontrolle der technischen Geräte stattfinden. Unbedingt sollten Sie Ihre Tiere möglichst täglich für einige Zeit beobachten, um Verhaltensänderungen, Aggressions- oder Balzverhalten und mögliche Krankheitsanzeichen rechtzeitig zu bemerken. Ich würde den täglichen Zeitaufwand für Futterzubereitung, Fütterung, Reinigung, Sprühen und Konrolle der Klimaparameter für ein mit einer Gruppe von 4–6 Steppenschildkröten besetztes Terrarium (Fläche etwa 2,5–3 m^2) mit ca. 25 Minuten ansetzen. An wöchentlichen Arbeiten ist vor allem die gründliche Reinigung zu nennen. Diese sollte das Entfernen des Kots und der Futterreste der vorhergehenden Woche sowie das Erneuern der Heupolsterung in den Höhlen und die gründliche Reinigung der Trinkschale umfassen. Wenn man alle Arbeiten zusammenzählt, so sollte man pro Woche mit etwa vier Stunden Pflegeaufwand rechnen (Zeitaufwand für Reinigung der Scheiben nicht berücksichtigt!).

Im Sommer, wenn sich die Schildkröten in der Freianlage

WICHTIG!
Da es sich bei *Testudo horsfieldii* um eine Schildkrötenart handelt, die aus trockenen oder zumindest halbtrockenen Gebieten stammt, darf man die Tiere nicht zu feucht halten. Es reicht vollkommen aus, ihnen ein Trinkgefäß mit frischem Wasser anzubieten und die Schlafplätze gelegentlich leicht anzufeuchten. Es darf aber unter keinen Umständen zu Staunässe kommen.

befinden, sollte man eine Generalreinigung des Terrariums durchführen, bei der der gesamte Bodengrund ausgetauscht und die Steine und Wurzeln gründlich mit heißem Wasser und einer Bürste gereinigt werden. Es empfiehlt sich, bei dieser Gelegenheit das Terrarium mit heißem Wasser und einer Seifenlauge (Spülmittel) gründlich auszuwaschen und anschließend gut auszuspülen. Eine Desinfektion ist aus meiner Sicht routinemäßig nicht nöig und sollte nur in Betracht gezogen werden, wenn eine Infektionskrankheit der Tiere vorliegt.

Die täglichen Routinearbeiten in einem Freilandterrarium entsprechen weitgehend denen im Innenterrarium. Auch hier sollten Sie täglich füttern und die Anlage einer Grobreinigung unterziehen. Zusätzlich fallen jedoch noch weitere Arbeiten an, etwa das Gießen und Beschneiden der Pflanzen.

Bei der Haltung von Landschildkröten und besonders bei der Pflege von *Testudo horsfieldii* in einer Freianlage wird in jedem Fall ein Frühbeetkasten als Schutzhütte benötigt.
Foto P. Buchert/A. & E. Calgua

Ernährung

DIE Ernährung der Steppenschildkröte richtet sich nach den Empfehlungen, die auch für die Landschildkröten des Mittelmeerraumes ihre Gültigkeit haben. Grundsätzlich sollte diese Art möglichst mit rohfaserreicher, eiweißarmer Nahrung gefüttert werden, die außerdem ein ausgewogenes Kalzium-Phosphor-Verhältnis aufweist. Eine umfassende Darstellung der Grundlagen der Schildkrötenernährung liefert das Buch „Ernährung von Landschildkröten“ von DENNERT (2001). Füttern sollte man täglich, am besten vormittags.

Während der Vegetationsperiode sollte man die Steppenschildkröte überwiegend mit verschiedenen einheimischen Wild- und Kulturpflanzen ernähren. Geeignet sind beispielsweise Löwenzahn, Spitz- und Breitwegerich, Wegwarte, Schafgarbe, verschiedene Kleearten, Wicken, Blätter und Blüten

Eine juvenile Steppenschildkröte, umgeben von „Europäern“ Foto: K. Simon

Erwachsene *Testudo horsfieldii* beim Fressen Foto: K. Simon

der Robinie, Habichtskraut, Geiskraut, Windengewächse, Vogelmiere, Gänseblümchen, Luzerne, Huflattich, Borretsch, Dill, Kerbel, Liebstöckel, Rosmarin, Salbei, Rukola, Pimpinelle, Sauerampfer und Zitronenmelisse sowie verschiedene Grasarten. Im Frühjahr oder in Zeiten, in denen die Beschaffung der genannten Wildpflanzen Probleme bereitet, kann man u. a. Endiviensalat, Römersalat, verschiedene andere Salat- und Kohlsorten, Petersilie und geraspelte Möhren verfüttern. Daneben haben unsere Schildkröten ständig Heu zur Verfügung, das ebenfalls gerne gefressen wird. Obst solllte man nicht anbieten. Zur Sicherung der Mineralstoffversorgung kann man das Futter mit pulverförmigen Mineralstoffpräparaten anreichern. Es versteht sich von selbst, dass man sowohl bei Wildkräutern als auch bei käuflichen Salaten und Kräutern darauf achtet, möglichst von Pestiziden und anderen Schadstoffen unbelastete Pflanzen zu verfüttern.

DER PRAXIS-TIPP

Zugefütterte pflanzliche Nahrung aus dem Lebensmittelhandel wird vor dem Verfüttern mit einem Vitamin-Mineralstoff-Präparat angereichert. Ich habe gute Erfahrungen mit dem Präparat „Korvimin ZVT plus Reptil“, das über den Tierarzt erhältlich ist. Ich gebe etwa einen halben Teelöffel dieses Pulvers auf das Volumen von ca. 1,5 Salatköpfen und mische es dann gut unter. Eine weitere Zufütterung von Vitaminpräparaten, besonders Flüssigvitaminen, ist bei richtiger Ernährung nicht erforderlich und sogar aufgrund der Gefahr der Überdosierung vor allem von Vitamin A gefährlich.

Semiadultes *Testudo-horsfieldii*-Weibchen Foto: T. Wilms

Winterruhe

STEPPENschildkröten zeigen eine besonders ausgeprägte saisonale Aktivitätsperiodik. Als wechselwarme Tiere finden sie während der kälteren Jahreszeit keine ausreichend hohen Temperaturen vor, um ihre Körperfunktionen auf einem Wert zu halten, der eine uneingeschränkte Aktivität erlauben würde. Sie sind daher im Winter gezwungen, auf eine lebenserhaltende, Energie sparende Betriebsweise umzuschalten. Der wichtigste auslösende Faktor dafür ist der Rückgang von Temperatur und Tageslänge. Für die Ruhephase zur Überdauerung dieser kalten, biologisch inaktiven Jahreszeit wird bei Reptilien nicht der Begriff Winterschlaf, sondern Winterruhe, oft auch

Ein Glashaus ist ideal zur Überbrückung kalter Zeiträume. Foto: H. - D. Philippen

Winterstarre, verwendet.
Da die Winterruhe bei vielen Reptilien eng mit anderen saisonal ablaufenden Lebensvorgängen verknüpft ist, wie beispielsweise der Konditionierung für die anstehende Fortpflanzung, hätte der Wegfall der natürlichen saisonalen Veränderungen einen deutlichen Einfluss auf den Fortpflanzungserfolg und das allgemeine Befinden der Tiere. Eine den Ansprüchen der Steppenschildkröte entsprechende winterliche Ruhephase ist daher für eine artgerechte Pflege unabdingbar und sollte den Tieren nur in gut begründeten Ausnahmefällen vorenthalten werden, etwa bei einer Erkrankung eines Tieres.

VERSCHIEDENE METHODEN DER ÜBERWINTERUNG VON STEPPENSCHILDKRÖTEN

Die Überwinterung sollte bei *Testudo horsfieldii* zwischen vier und fünf Monate dauern. Grundsätzlich stehen dabei die folgenden Methoden zur Verfügung (vgl. auch WILMS & LÖHR 2000):

- Überwinterung im Freiland (für die Überwinterung der Steppenschildkröte nicht geeignet!)
- Überwinterung im Gewächshaus
- Überwinterung unter kontrollierten Bedingungen in
  a: Keller oder
  b: Kühlschrank

Wenn die Vorbereitung der Schildkröten auf die bevorstehende Überwinterung in der hier beschriebenen Art und Weise durchgeführt wird, erübrigt sich das sonst oft empfohlene Baden der Tiere vor der Einwinterung. Gesunde Exemplare sollten beim Einsetzen der kühlen Witterung von selbst die Nahrungsaufnahme verringern bzw. nach einiger Zeit einstellen. Die Tiere entleeren in den folgenden Wochen ihren Darm und sind dann bereit für die Winterruhe.

Die Überwinterung im Gewächshaus

Die Überwinterung im schwach beheizten Gewächshaus ist eine sehr gute Möglichkeit, Steppenschildkröten gesund und artgerecht über den Winter zu bekommen. Voraussetzung ist ein entsprechend tief gegründetes Fundament (ca. 80–100 cm), das zusätzlich mit einer entsprechenden Wärmedämmung versehen werden kann. Der Boden sollte in dieser Tiefe auch mit nicht rostendem Maschendraht gegen eindringende Nagetiere abgesichert werden. Auf diesen Draht bringt man eine etwa 10 cm starke Kiesschicht auf. Der restliche Bodengrund kann aus Mutterboden bestehen. Es hat sich bewährt, den Schildkröten vom Außengehege einen Zugang zum Gewächshaus zu ermöglichen. Die Lufttemperatur innerhalb des Hauses wird während der inaktiven Phase abgesenkt und durch eine Heizung bei 4–6 °C gehalten. An sonnigen Wintertagen kann die Temperatur im Haus zwar gelegentlich bis auf etwa 20 °C ansteigen, doch erwachen die tief eingegrabenen Steppenschildkröten auch bei solchen vergleichsweise hohen Werten nicht.

Die ruhenden Schildkröten sollten einzeln untergebracht werden, z. B. in Kartons in einem Wein-Kühlschrank. Ein Thermometer sollte immer zur Kontrolle vorhanden sein.
Foto: H. - D. Philippen

Die Überwinterung unter kontrollierten Bedingungen im Keller

Voraussetzung für diese Art der Überwinterung ist ein dunkler, kühler Keller mit einer gleichmäßigen Temperatur von etwa 4–8 °C. Die Steppenschildkröten sollten Ende August bis Mitte September aus dem Freiland in das Innenterrarium überführt werden und können nochmals für 3–4 Wochen warm gehalten werden. Diese Phase entspricht der kurzen Zeit herbstlicher Aktivität, die auch in der Natur in die Winterruhe übergeht. Um die Tiere auf die Winterruhe vorzubereiten, sollte man die Fütterung einstellen und die Temperaturen innerhalb von 2–3 Wochen auf etwa 8–10 °C absenken sowie die Beleuchtungslänge von ca. 10 Stunden täglich auf etwa 4–6 Stunden verringern.

DER PRAXISTIPP

Eigentlich ist die Überwinterung von Steppenschildkröten im Kühlschrank nur eine konsequente Weiterentwicklung der Überwinterung im Keller. In den meisten Neubauten sind die Keller für eine Überwinterung von Schildkröten denkbar ungeeignet. Sie sind entweder zu warm, oder die Temperatur ist witterungsbedingt großen Schwankungen unterworfen. In einem Kühlschrank hingegen lassen sich die optimalen klimatischen Bedingungen zur Überwinterung von Reptilien erzeugen. Die Vorbereitungen auf die Überwinterung im Kühlschrank sind identisch mit der Überwinterung im Keller. Als Überwinterungskisten haben sich so genannte Stapelboxen aus Kunststoff bewährt. Sie passen in die meisten handelsüblichen Kühlschränke. Die Temperatur im Kühlschrank sollte ebenfalls etwa 4-8 °C betragen. Durch das tägliche Öffnen der Kühlschranktür wird für eine ausreichende Belüftung gesorgt.

Steppenschildkröten benötigen eine artgerechte Überwinterung für ihr Wohlergehen. Foto: T. Schreckenbach

Frühbeet: Die Steine dienen der Wärmespeicherung und -pufferung. Der Bodengrund sollte mit Laub und Stroh aufgefüllt werden. Foto: H. - D. Philippen

Erst wenn die Tiere völlig inaktiv sind, kann man sie in so genannte Überwinterungskisten überführen. Es können sowohl Holz- als auch Kunststoffkisten verwendet werden. Wichtig ist, dass sie über einen dicht schließenden Deckel mit Drahtgaze verfügen. In die Kisten wird zunächst eine etwa 5–10 cm hohe Schicht Blähton eingefüllt. Der Blähton sollte zuvor gewässert werden und dient dazu, die Luftfeuchtigkeit in der Überwinterungskiste zu erhöhen. Nun kann die Kiste mit Laub aufgefüllt werden, und man gräbt die Schildkröten im Laub ein. Die Feuchte in der Überwinterungskiste muss regelmäßig kontrolliert werden. Während der Über-

Die Beendigung der Überwinterung

Bei in Keller oder Kühlschrank überwinterten Tieren muss nach dem Ende der Ruhephase für eine stufenweise Erwärmung gesorgt werden. Erst nach einigen Tagen dürfen die Tiere in ein beheiztes Terrarium oder Gewächshaus. Bei der Überwinterung im Gewächshaus erwachen die Tiere meist von selbst mit zunehmender Intensität der Sonne und der damit erhöhten Temperatur.

DER PRAXISTIPP

Es ist empfehlenswert, die Tiere sowohl vor als auch nach der Überwinterung zu wiegen. Der Gewichtsverlust sollte zwischen 0 und 5 % liegen. Haben die Tiere mehr als 5 % an Masse verloren, so war die Überwinterung sehr wahrscheinlich zu trocken. Masseverluste von mehr als 15 % sind kritisch für die Gesundheit des Tieres.

winterung kann man die richtige Feuchtigkeit in etwa abschätzen, indem man die Beschaffenheit des Laubes überprüft. Ist es geschmeidig und knistert beim Hineingreifen nicht, dann ist die Feuchtigkeit in Ordung. Fühlt es sich hingegen strohig und brüchig an, dann muss man nachfeuchten.

Die wichtigste Pflegemaßnahme an frisch erwachten Landschildkröten ist ein gründlicher Gesundheitscheck. Die Tiere sollten auf äußere Verletzungen (Nager!) untersucht werden, auch die Nasenöffnung und die Kloake sollte man eingehend begutachten.

Ein Bad tut ein Übriges, um den Stoffwechsel der Tiere wieder in Schwung zu bringen. Zudem haben die Tiere dann die Möglichkeit, ihren evtl. aus dem Lot geratenen Wasserhaushalt auszugleichen.

Gesundheit

EINE der wichtigsten Voraussetzungen zur Gesunderhaltung Ihrer Steppenschildkröten ist eine optimale Pflege, bei der man die klimatischen, sozialen, ernährungs- und verhaltensphysiologischen Ansprüche der Tiere befriedigt. Es versteht sich von selbst, dass eine dauerhafte Haltung unter ungeeigneten klimatischen Bedingungen oder mit einer unzulänglichen Ernährung über kurz oder lang zur Ausprägung bestimmter Krankheitsbilder führt. Nicht weniger problematisch ist jedoch auch die Haltung der Schildkröten in einer ungeeigne-

Nur bei optimaler Pflege erhalten Sie Ihren Steppenschildkröten die Gesundheit. Foto: T. Wilms

Krankheitsanzeichen

Bei folgenden Symptomen ist ein Tierarztbesuch unerlässlich:

- Nahrungsverweigerung mit einhergehender Abmagerung
- eingefallene Augen
- schleimige Beläge im Maul, bleiche Mundschleimhaut und Ausfluss aus der Nase
- schleimiger, stark riechender Kot
- Verdickungen an den Gelenken
- Verbrennungen und Knochenbrüche
- Verstopfung
- Pfeifende Atmung
- Plötzliche unerklärliche Verhaltensänderungen, wie Apathie (Teilnahmslosigkeit)
- Legenot (Weibchen können aus psychischen oder physischen Gründen ihrer Eier nicht ablegen)
- Aufgetriebene, muskelschwache Extremitäten; verformbare Kiefer, Weichwerden des Panzers
- Zitterkrämpfe

ten Gruppenstruktur oder unter Bedingungen, unter denen die Tiere ihr artspezifisches Bewegungsbedürfnis nicht oder zumindest nicht in optimaler Art und Weise ausleben können.

Haltungsbedingten Erkrankungen vermeidet man, indem man sich gründlichst über die Biologie und die Ansprüche der Steppenschildkröte informiert (darum lesen Sie ja auch dieses Buch) und die so gewonnenen Erkenntnisse in die artgerechte Pflege der Tiere umsetzt. Dann wiederum sollten Sie sich mit den Lebensäußerungen Ihrer Schildkröten vertraut machen und Ihre Tiere wann immer möglich beobachten, um bedenkliche Verhaltensänderungen möglichst frühzeitig zu erkennen.

Grundsätzlich sollte man bei allen ernsthaften Krankheitsanzeichen (vgl. Tabelle oben) einen Tierarzt mit Reptilienerfahrung zu Rate ziehen. Das Netz qualifizierter Veterinäre wird immer dichter, und ihre Adressen können über die DGHT erfragt werden (und auch über die Homepage www.dght.de eingesehen werden). Vermeiden Sie es bitte, auf Verdacht an Ihren Tieren herumzudoktorn – oft werden dadurch die Heilungschancen verringert, wenn das Tier dann schließlich doch dem Tierarzt vorgestellt werden muss.

Nachzucht

GRUNDvoraussetzung für die erfolgreiche Nachzucht der Steppenschildkröte ist einmal mehr die artgerechte Pflege, die vor allem die optimalen Klimaparameter und eine abwechslungs- und rohfaserreiche Ernährung umfasst. Einer der wichtigsten Punkte ist dabei die Einhaltung einer Winterruhe und eine sehr warme Haltung während des Frühjahres. Männchen der Steppenschildkröte werden etwa nach 6–7 Jahren geschlechtsreif, während die Weibchen etwa 2–3 Jahre länger brauchen.

Paarungsverhalten

Die Balz der Männchen beginnt innerhalb von 1–2 Wochen nach Beendigung der Winterruhe. Während der Balz verfolgt das Männchen das Weibchen unablässig, wobei offensichtlich Duftstoffe eine bedeutende Rolle beim Auffinden des Geschlechtspartners spielen. Das Balzverhalten der Männchen von *Testudo horsfieldii* unterscheidet sich nicht wesentlich von dem der mediterranen Landschildkröten. Eine charakteristische Verhaltensweise ist jedoch das Kopfnicken. Die

Frisch geschlüpftes Jungtier und frisch geöffnetes Ei im Größenvergleich Foto: T. Wilms

Dieses Männchen der Steppenschildkröte beißt dem Weibchen während der Balz in die Hinterbeine. Foto: T. Wilms

männlichen Tiere verfolgen die Weibchen und versuchen, diese durch Bisse in die Extremitäten zum Stehenbleiben zu veranlassen. Gelingt dies, läuft das Männchen schnell zur Vorderseite des Weibchens und beißt in den Panzerrand, die Vorderbeine und den Kopf des Weibchens. Viele Weibchen drehen sich in dieser Situation um ihre Vertikalachse, und das Männchen kann nun versuchen aufzureiten. Gelingt dies nicht, etwa weil die Partnerin nicht stillhalten mag, dann versucht das Männchen erneut, durch Bisse in die Beine oder auch in Richtung des Kopfes eine günstige Ausgangsbasis für eine erfolgreiche Paarung zu schaffen. Oft bemühen sich nicht paarungsbereite Weibchen, sich dem Werben des Männchens in dieser Situation durch Wegdrehen zu entziehen. Die eigentliche Paarung ist bei *Testudo horsfieldii* von den für Landschildkröten typischen fiependen Tönen begleitet.

Trächtigkeit und Eiablage

Nach einer Trächtigkeitsdauer von etwa 5–6 Wochen beginnen

die Weibchen, unruhig nach einer geeigneten Eiablagestelle zu suchen. Bei meinen Tieren finden die Eiablagen fast immer noch vor dem Umsetzen der Tiere ins Freigehege statt. Zum einen wäre es für das Weibchen nicht gut, während der Trächtigkeit umquartiert zu werden, zum anderen sind die Temperaturen im Mai oft noch nicht für eine Freilandhaltung der Steppenschildkröte geeignet. Es ist somit nötig, eine künstliche Eiablagestelle im Terrarium vorzubereiten. Bewährt haben sich beispielsweise Kunststoffstapelboxen, die mit leicht feuchtem Sand gefüllt unter einem Strahler aufgestellt werden. Um dem Weibchen den Zugang zur Eiablagestelle zu ermöglichen, müssen Aufstiegshilfen aus Stein oder Holz vorhanden sein. Bei der Haltung im Gewächshaus bevorzugen die Weibchen angefeuchtete Bereiche des gewachsenen Mutterbodens unter einem Wärmestrahler als Eiablagestelle.

Die Gelege umfassen 3–7 Eier, in der Natur sollen allerdings Gelege mit bis zu zwölf Eiern vorkommen. Die Eier der Steppenschildkröte sind mit durchschnittlich 43 x 26 mm wesentlich größer als die mediterraner Landschildkröten. Ihre Masse beträgt zwischen 17 und 25 g. Zu Beginn der Inkubation zeigen die Eier eine weiße Binde, wie sie beispielsweise auch für die Eier vieler Wasserschildkröten charakteristisch ist.

Inkubation

Die Eier sollten unmittelbar nach der Ablage in einen geeigneten Inkubator (z. B. Kunstglucke oder Eigenbau; Hinweise zum Eigenbau können Sie der Literatur entnehmen) überführt und bei einer Temperatur von 28–33 °C bebrütet werden. Als Inkubationssubstrat eignen sich trockenes Vermiculit, Perlit oder Sand. Um die benötigte Luftfeuchtigkeit von etwa 80 % zu erreichen, kann man eine kleine Wasserschale in die Kunstglucke stellen. Bei einer Zeitigung in zu feuchtem Substrat platzen die Eier auf und entwickeln sich nicht mehr.

In Abhängigkeit von der Temperatur schlüpfen die kleinen Steppenschildkröten nach einer Inkubationszeit von 60–91 Tagen. Das (1995) gibt sogar eine Inkubationszeit von 60–128 Tagen je nach Brutbedingungen und Herkunft der Elterntiere an. Die Schlüpflinge sind etwa 30–35 mm lang und wiegen 10–18 g.

Die frisch geschlüpften Schildkröten haben in der Regel nur noch einen kleinen, weniger als kirschkerngroßen Dotterrest. Innerhalb der ersten Lebenstage wird dieser Dottersackrest eingezogen, und der Nabel beginnt sich zu schließen. Die Schlüpflinge sollte man daher für etwa 2–3 Tage auf leicht feuchtem Küchenpapier halten, um die Gefahr einer Infektion des Nabels zu minimieren. Nach dieser Zeit kann man die Tiere dann bedenkenlos auf natürliches Substrat umsetzen. Hierbei ist es wichtig, dass die Haltungsparameter denen der erwachsenen Tiere entsprechen und man den Schildkrötenbabys während dieser Zeit auf jeden Fall einen Wärmestrahler anbietet.

Gelegentlich schlüpfen kleine Steppenschildkröten zu früh und weisen noch einen deutlich größeren Dottersackrest auf. Diese Jungtiere kann man in eine Plastikdose mit leicht feuchtem Küchenpapier setzen, die man in den Brutschrank zurückstellt. Sobald der Dottersack weitgehend resorbiert ist und der Nabel sich zu schließen beginnt, kann man die Jungtiere wie weiter oben beschrieben pflegen.

Die „Kunstglucke" der Firma Jäger eignet sich hervorragend zum Bebrüten von Reptilieneiern.
Foto P. Buchert

Aufzucht der Jungtiere

DIE Aufzucht der Jungtiere kann unter den gleichen Bedingungen erfolgen, unter denen auch die geschlechtsreifen Tiere gepflegt werden. Einzig die Dauer der Winterruhe sollte bei den Jungtieren auf etwa zwei Monate verkürzt werden.

Die Aufzucht der Jungtiere kann in Gruppen durchgeführt werden. Eine Vergesellschaftung der kleinen Schildkröten mit erwachsenen Steppenschildkröten sollte indes unterbleiben.

Während der ersten Lebenstage brauchen die Jungtiere zunächst ihre Dotterreserven auf und strecken ihren Panzer, der unmittelbar nach dem Schlupf einigermaßen schief und verzogen ist. Futter sollte man den Jungtieren vom ersten Tag an anbieten, obwohl einige erst nach einigen Tagen zu fressen beginnen. Die Nahrungspalette umfasst alle Pflanzen, die auch von den erwachsenen Tieren gefressen werden, nur sollte man das Futter der Größe der Jungtiere entsprechend kleinschneiden. Tierische und sehr eiweißreiche Nahrung sollte nicht angeboten werden, eine kleine Wasserschale darf aber nicht fehlen. Besonders wichtig sind eine ausreichende Versorgung der Tiere mit Mineralstoffen (bestreuen Sie das Futter täglich mit einem Mineralstoffpräparat) sowie eine regelmäßige Bestrahlung mit UV-Licht. Man kann die kleinen Schildkröten beispielsweise täglich eine Stunde mit einer „UltraVitalux“ (300 W) bestrahlen.

Für die Haltung der Jungtiere eignen sich Terrarien ab einer Größe

von 60 x 30 x 30 cm (Länge x Breite x Höhe), aber auch handelsübliche Glasaquarien können verwendet werden.

In einem Terrarium der genannten Größe kann man bis zu sechs Schlüpflinge der Steppenschildkröte gut unterbringen.

Der Vorteil bei der Verwendung eines Glasaquariums liegt darin, dass man als Wärmequelle einfache Klemmspots mit einer entsprechenden Birne (meist reicht eine Leistung von 60 W aus, um lokal eine Oberflächentemperatur von 45–50 °C zu erzeugen) verwenden kann. Darüber hinaus ist es in einem solchen Behälter im Vergleich zu einem geschlossenen Terrarium einfacher, die Tiere mit UV-Licht zu bestrahlen. Während des Hochsommers können Sie die kleinen Steppenschildkröten auch in einem Freilandterrarium pflegen, das jedoch durch einen Drahtgitterdeckel gegen Fressfeinde gesichert werden muss.

Ansicht eines im Gewächshaus integrierten Aufzuchtterrariums für *Testudo*-Arten mit vielfältigen Versteckmöglichkeiten Foto P. Buchert

Weitere Informationen

ZUR Vertiefung der in diesem Buch gegebenen Informationen und zum tieferen Einblick in terraristische und herpetologische Themenbereiche empfehlen sich die Mitgliedschaft in einem Verein gleichgesinnter Terrarianer sowie ein intensives Literaturstudium. Die folgenden Auflistungen sollen dabei behilflich sein, einen Einstieg in die Thematik zu finden, können aber natürlich nur einen kleinen Ausschnitt aufzeigen.

Vereine und Interessengruppen

Die Deutsche Gesellschaft für Herpetologie und Terrarienkunde (DGHT; www.dght.de; DGHT e.V., Postfach 1421, 53351 Rheinbach, Tel.: 02225-703333, E-Mail: gs@dght.de) ist mit über 8000 Mitgliedern die weltweit größte Gesellschaft ihrer Art und bringt Wissenschaftler und Hobbyherpetologen zusammen. Mitglieder erhalten vierteljährlich mindestens drei verschiedene herpetologisch/terraristische Zeitschriften.

Innerhalb der DGHT existiert die AG Schildkröten, die jährliche Fachtagungen veranstaltet. Kontakt über die DGHT-Geschäftsstelle.

Untersuchungsstellen

Kotproben, Sektionen und andere Untersuchungen können von spezialisierten Tierärzten oder von veterinärmedizinischen Untersuchungsstellen, die es in vielen Städten gibt, vorgenommen werden. Eine Liste mit reptilienkundigen Tierärzten kann über die DGHT bezogen werden (oder im Internet unter www.dght.de). Überregional bekannt für Untersuchungen sind folgende Einrichtungen:

Zeitschriften

REPTILIA
Terraristik-Fachmagazin,
erscheint sechsmal jährlich
Natur und Tier - Verlag GmbH
An der Kleimannbrücke 39/41
48157 Münster
Tel.: 0251-133390
www.ms-verlag.de
E-Mail: verlag@ms-verlag.de

DRACO
Terraristik-Themenheft
erscheint viermal jährlich
Natur und Tier - Verlag GmbH,
s. o.

MARGINATA
Schildkröten-Fachmagazin
erscheint viermal jährlich
Natur und Tier - Verlag GmbH,
s.o.

Sauria
Terraristik und Herpetologie,
erscheint viermal jährlich
Terrariengemeinschaft Berlin
e. V., Barbara Buhle,
Planetenstr. 45, 12057 Berlin
Tel.: 030-6847140
www.sauria.de
E-Mail: abo@sauria.de

herpetofauna
Zeitschrift für Amphibien- und
Reptilienkunde, erscheint
sechsmal jährlich
herpetofauna Verlags-GmbH
Hans-Peter Fuchs,
Römerstrasse 21,
71384 Weinstadt
Tel. 07151-600677
www.herpetofauna.de;
E-Mail: info@herpetofauna.de

DATZ – Die Aquarien- und
Terrarien-Zeitschrift
erscheint monatlich
Verlag Eugen Ulmer,
Wollgrasweg 41,
70599 Stuttgart,
Fax: 0711-4507120,
www.datz.de

- Exomed,
Am Tierpark 64, 10319 Berlin

- Universität München, Institut für Zoologie, Fischereibiologie und Fischkrankheiten der tierärztlichen Fakultät,
Kaulbachstr. 37,
80539 München

- Justus-von-Liebig-Universität Gießen, Institut für Geflügelkrankheiten,
Frankfurter Str. 87,
35392 Gießen

- GEVO Diagnostik,
Jakobstr. 65,
70794 Filderstadt

Weiterführende und verwendete Literatur

A. Bücher

DAS, I. (1995): Turtles and Tortoises of India. – Oxford University Press, 176 S.

DENNERT, C. (2001): Ernährung von Landschildkröten. – Natur & Tier - Verlag, Münster, 143 S.

KIRSCHE, W. (1997): Die Landschildkröten Europas. – Mergus Verlag, 104 S.

KUZMIN, S. L. (2002): The Turtles of Russia and Other Ex-Soviet Republics. – Edition Chimaira, Frankfurt a. M., 159 S.

RUDLOFF, H.-W. (1990): Schildkröten. – Urania Verlag, 155 S.

WILMS, T. (2004): Terrarieneinrichtung. – Natur und Tier - Verlag, Münster, 128 S.

B. Zeitschriftenartikel

DENNERT, C. (1999): Ernährung Europäischer Landschildkröten. Teil 1. – REPTILIA 4 (3): 32–39.

- (1999): Ernährung Europäischer Landschildkröten. Teil 2. – REPTILIA 4(4): 51–58.

- (2000): Die Entwurmung der Landschildkröte vor dem Winterschlaf. – Radiata 9(3): 20–22.

- (2000): Verwendung von Heucobs als Ergänzungsfutter für Landschildkröten. – DRACO 1(2): 52–55.

EHRENGART, W. (1976): Brutanlage für Schildkröten-Eier. – Salamandra 12 (19): 27–31.

FRITZ, C. & B. PFAU (2002): Pflege und Vermehrung der Steppen- oder Vierzehenschildkröte *Testudo horsfieldii*. – Radiata 11 (4): 21–41.

FRITZ, U. & M. CHEYLAN (2001): *Testudo* LINNAEUS, 1758 – Eigentliche Landschildkröten. – Handbuch der Reptilien und Amphibien Europas, Schildkröten (Testudines) 1, U. Fritz (Hrsg.): 113–124.

GIEBNER, I. (1989): Pflege und Zucht der Steppenschildkröte (*Agrionemys horsfieldi*). – elaphe 11(3): 42–46.

HEMPEL, W. (1988): Haltung und Nachzucht von *Agrionemys horsfieldii*. – elaphe 10(2): 21–24.

- (1991): *Agrionemys horsfieldii* (GRAY).- Sauria Suppl. 13(1–4): 213–216.

HERSCHE, H. (1998): Schutzhaus für mediterrane Schildkröten. – Fachmagazin Schildkröte 1(3): 48–53.

KABISCH, K. (2001): Bastardisierung von *Testudo horsfieldii* GRAY, 1844 und *Testudo graeca ibera* PALLAS, 1814. – Sauria 23(2): 7–11.

KAMI, H. G. (1999): On the biology of the Afghan Tortoise, *Testudo horsfieldi*, in north-eastern Iran (Reptilia: Testudines). – Zoology in the Middle East 19: 43–54.

KIRSCHE W. (1971): Zur Pflege und Zucht der Steppenschildkröte, *Testudo horsfieldii*. – Aquarien – Terrarien 18: 158–160.

KIRSCHEY, T. (1995): Pflege und Nachzucht der Steppenschildkröte. – DATZ 7/95: 450–451.

KLOPPE, C. (1982): Tiefgefrorene *Testudo horsfieldii* überlebte. – DATZ 35(1982): 358–359.

KORNMANN, C. (2001): Die Russische Steppenschildkröte. – DATZ 9/2001: 54–57.

KUBYKIN, R. A. (1995): Population Density of the Steppe Tortoise in some regions of the Almaty and Taldyqorghan Districts, Kazakhstan. – Chelonian Conservation and Biology 1(3): 235–237.

MÄHN, M. (2000): Inkubation von Schildkröteneiern. – REPTILIA, Münster, 5(4): 55–61.

MAKEEV, V. M.; A. T. BOZHANSKI & V. E. PROLOV (1986): Distribution of the Central Asian Tortoise (*Agrionemys horsfieldi* GRAY, 1844) in the South of the Turkmen SSR. – Studies in Herpetology : 711–712.

OBST, F.-J. (1988): Die Vierzehen- oder Steppenschildkröte (*Agrionemys horsfieldii*) – Beobachtungen aus Freileben und Terrarienpflege. – Zusammenfassung der Vorträge der DGHT-Jahrestagung 1988, Hannover: 15–17.

SCHLEGEL, H. (1974): Vierzehenschildkröte hält Sommerschlaf. – DATZ 27(5): 179.

SIKORSKI, R. (1995): Gelungene Nachzucht der Steppenschildkröte. – DATZ 4/95: 239–241.

SIMON, K. (2000): Planung und Bau einer Freianlage für europäische Landschildkröten. – DRACO 1(2): 42–47.

STEINLE, C. P. (1977): Ein rätselhaftes Gelege – Eier von *Testudo horsfieldii* durch *T. hermanni* befruchtet? – DATZ 30(1977): 33–34.

STUBBS, D. (1989): *Testudo horsfieldii* – Horsfield's Tortoise. – The Conservation Biology of Tortoises, Occ. Pap. of the IUCN SSC No. 5: 37–38.

WIECHERT, J. (2000): Die mediterrane Landschildkröte in der tierärztlichen Praxis. – DRACO 1(2): 60–71.

WILMS, T. & B. LÖHR (2000A): Hinweise zur Überwinterung mediterraner Landschildkröten. – DRACO 1(2): 48–51.

- (2000B): Zur Haltung und Vermehrung der Steppenschildkröte (*Testudo horsfieldii*, GRAY 1844). – DRACO 1(2): 56–59.

WOGAWA, D. (1996): Die Steppenschildkröte. – DATZ 8/1997: 497.

5,80 € • (A 6,– €) • 11,20 sfr • H 42140
Nr. 45, Februar/März 2004, Jahrgang 9(1)
REPTILIA
TERRARISTIK - FACHMAGAZIN
Maurische Landschildkröten
Schwertschwanz-Anolis
Texasklapperschlange
GESUNDHEIT BEI TERRARIENTIEREN